Collection **Embrasures**

Collection **Embrasures**
Ouvrir à tous la porte de la poésie sans en perdre l'incandescence

Premiers titres parus :
/ Jeanne Benameur, *Notre nom est une île*
/ Ananda Devi, *Quand la nuit consent à me parler*
/ Corinne Hoex, *Rouge au bord du fleuve*
/ Moncef Ouhaibi, *Que toute chose se taise*
/ Jeanne Benameur, *Il y a un fleuve*
/ Ernest Pépin, *Le bel incendie*
/ Dominique Sampiero, *La vie est chaude*
/ Yvon Le Men, *Sous le plafond des phrases*
/ Évelyne Trouillot, *Par la fissure de mes mots*
/ Jean-Pierre Luminet, *Un trou énorme dans le ciel*

Un trou énorme dans le ciel

Un trou énorme dans le ciel est le cinquante-troisième ouvrage publié par les Éditions Bruno Doucey.

Partenariat :
Maison de la poésie Rhône-Alpes
33, avenue Ambroise-Croizat
38400 Saint-Martin-d'Hères
www.maisondelapoesierhonealpes.com

Éditions Bruno Doucey
www.editions-brunodoucey.com

ISBN : 978-2-36229-058-9

Jean-Pierre Luminet

Un trou énorme dans le ciel

Éditions Bruno Doucey

Le mot de l'éditeur

Mythes, légendes, poèmes… Depuis la nuit des temps, les hommes associent les étoiles aux êtres qui les ont quittés. Au Guatemala, des croyances populaires voient en elles l'âme des morts. Chez les Grecs, des constellations entières naissent, comme celle d'Orion, de la disparition d'un dieu. Ailleurs encore, l'étoile reste le scintillement inaccessible de celui ou de celle qui est parti rejoindre son ultime séjour.

La science a renversé les mythes mais n'a pas aboli les liens qui unissent l'étoile à la mort. Nous savons aujourd'hui qu'il est possible de voir la lumière d'étoiles mortes depuis des temps immémoriaux; plus exactement qu'une étoile éteinte reste visible après sa disparition pendant une durée égale à sa distance en années-lumière. Pour rationnelle qu'elle soit, cette rémanence n'en finit pas de peupler nos nuits étoilées de poésie.

Jean-Pierre Luminet ne choisit pas entre ces deux visions du ciel. Astrophysicien à l'Observatoire de Paris, directeur de recherches au CNRS, scientifique d'envergure internationale, il travaille sur les trous noirs et la cosmologie, au point qu'un astéroïde, l'astéroïde Luminet (5523), porte son nom dans l'univers. Mais le savant est aussi poète, romancier, auteur d'une œuvre protéiforme où se mêlent science, histoire, musique et art.

Noir Soleil, *Itinéraire céleste*, *La Nature des choses*… Les titres qu'il donne à ses recueils établissent des liens, points de jonction ou passerelles, entre science et poésie, ces deux rives éloignées d'une même existence. *Un trou énorme dans le ciel* n'échappe pas à cette règle mais, à peine ouvert, le livre nous déroute. Ce n'est pas « un trou dans le ciel » qu'évoque le texte, mais un trou dans la terre : celui que fait un puits, le puits où l'on s'abîme, d'où l'on ne revient pas :

« J'étais petite, je suis tombée dans le néant et ma tête s'est fracassée au fond ; car il n'y avait pas d'eau, ce puits était à sec. »

Qui parle ainsi à la première personne, au féminin, sur la margelle du livre ? La réponse nous est donnée avec le texte : c'est Amande, la fille du poète, disparue à un âge et dans des conditions qui rendent la mort insoutenable. Le recueil de Jean-Pierre Luminet se présente d'emblée comme le livre de la perte et du deuil. Dans le long poème qui suit le texte d'Amande, le poète astrophysicien, spécialiste mondial des trous noirs et du big-bang, est face à la perte insondable de sa propre fille. Un chaos que seule la poésie peut tenter d'approcher.

Pour autant, le texte ne fait pas entrer le lecteur dans le silence ou le lamento d'un homme brisé par le chagrin. Sans la moindre concession au pathos, *Un trou énorme dans le ciel* fait éclater les normes du langage pour donner à lire un texte polyphonique, syncopé, bruissant de paroles et de présences. Des mots tombés hors du temps pour conjurer le vide et faire chanter l'absence.

Pour Amande
1982-2011

Le puits

Je suis. Oui, j'existe; juste une ombre, juste un souffle glacé qui erre dans le puits à la margelle de pierres grises. Je stagne, je ne suis pas sortie de ce trou depuis que mon corps s'est tu – depuis que mon corps mourut. J'étais petite, je suis tombée dans le néant et ma tête s'est fracassée au fond; car il n'y avait pas d'eau, ce puits était à sec. Et, lorsqu'on a remonté ma carcasse, j'ai senti que je devais rester, que quelque chose me retenait; mon âme est sortie de sa cage et, enfin libre, elle a baigné dans la fraîcheur de cette gorge de pierres grises, elle s'est laissée envelopper par l'ivresse du matin.

Amande Luminet

1

La mort

couronne royale

ligne fluide sophistiquée

séduisante

tu as pris ton cachet

ne mens pas

si tu ne veux pas y aller j'irai

je suis déjà en retard

quel gaspillage

la justice charrie du fumier en enfer

nous ne sommes pas souvent réunis

il y a eu un accident

il faut que je sache tu ne fais jamais ça

je vais dire ton nom

c'est trop tard

cette épreuve atroce je dois l'affronter

tu es partie avant ta naissance
tu es en colère parce que nous allons tous mourir
de quoi d'autre veux-tu parler
je te connais mal
seuls les corbillards transportent des gens allongés
quand avons-nous eu une discussion importante
je préférais la musique de chambre

2

La taille ne veut rien dire
les sourds ont mauvais goût
vous vous croyez tout permis
foutus pervers qui lisez la bible
mettez la main dessus
ne la tenez pas comme un ballon
faites comme si c'était un melon
avec délicatesse
la nature détermine ainsi la paternité
on espère que ça va s'estomper
elle pleurait tout le temps
quant à moi on ne m'entendait jamais
en tout cas pas avant le corbillard
tout le monde est au courant
je veux dire qu'ils pourraient l'avoir annoncé
on se fout de ce qu'ils pensent

qu'est-ce que vous regardez
je n'ai plus confiance en moi
je ne sais plus qui tu es
tu ne me fais pas peur
tu es la personne la plus importante de ma vie
ne le sois pas prends tes médocs
d'accord je te le promets
donne-moi la clé
et puis je m'en fous
prends-les toutes
c'est enfantin d'entrer chez moi
tu voudrais t'en aller
prends tout ta combinaison tes fringues
prends tout
je dois te prendre en charge
toi tu ne peux plus maintenant
je n'ai que toi
tu dois faire ta vie toute seule

pourquoi est-ce que des choses
comme ça arrivent
on sait pourquoi c'est arrivé
ce n'est pas une raison
si c'est la seule
qu'est-ce que tu espérais
tu n'arrives même pas à le dire
j'y arriverai
elle est épuisée
je n'y vois plus clair
repose-toi
je lui ai dit de ne plus partir
pendant quelque temps
c'est tout

3

Pas question de te laisser seule
j'ignore pourquoi tu y tiens
tu veux me faire croire
que tu es entrée par effraction
je ne me souviens pas précisément
qui a mis le feu
c'est un incendie criminel
tu veux partir
il y a autre chose
je crois qu'on me suspecte
avec cette chaleur
je n'aurais jamais dû me trouver là
il n'y a rien de pire
ça me concerne
j'espérais que tu parlerais
après tout ce temps

je ne sais rien

nous sommes trop blancs

je m'inquiète pour toi

et le feu il mange tout

il t'arrive de voir le soleil en avance d'une heure

on peut éviter la psychanalyse ce soir

c'est fascinant les aiguilles

la plupart du temps

elles ont déjà tué quelqu'un sans le savoir

il y a tant de choses non dites

le péché originel on étouffe

mais ne reviens pas en arrière

je demande de la patience

le cœur s'emballe

les fluctuations c'est simple

il y a pire que la mort

des choses inimaginables

à toi de décider

4

Qu'est-ce que je peux faire d'autre
je veux juste que tu m'écoutes
tu dois réagir maintenant
sais-tu ce qu'est un amour sans limite
oui je le sais
ta réaction est à l'opposé
de celle que j'attendais
je ne veux plus discuter avec toi
on ferait mieux de ne plus se voir
tu peux jeter ta clé j'ai changé la serrure
personne ne dit jamais vraiment
ce qui se passe
je pensais que tu saurais
j'aurais pu avoir une vie normale
et toi aussi
à quelle adresse je ne sais pas

ce n'était pas évident dès le début
à cause de mon sens esthétique
j'en tolère parfois les répercussions
avec discrétion
je passe pour un génie
mais l'angoisse
d'accord elle était jeune
se tenait comme une reine
comme si on connaissait quelqu'un
en quelques mois
elle a rompu aujourd'hui
c'est mieux comme cela
ce n'était pas une bonne idée
donnez-moi le temps de récupérer
c'est fatigant d'essayer d'être
normal tout le temps
être malheureux c'est mieux qu'être idiot
tout le monde me déteste

en secret

je pourrais avoir tout ce que je veux

j'aimerais rester seul

simplement dormir

5

Elle est toujours à son avantage
masquer devient un jeu d'enfant
elle court et qu'ai-je fait de ma vie
les autres s'amusent
je traîne des corps
j'ai fait tout cela pour toi
le temps de comprendre ce que je voulais
c'est-à-dire rien
je sais tout
ne t'impose pas maintenant
je ne peux pas pleurer avec toi
c'est exténuant
quand quelqu'un s'effondre on l'entraîne là
il y avait une caisse
des femmes en noir qui attendent
elles se sont mises à hurler

cela prendra du temps
je suis le solide le fiable
ils vont tous s'effondrer
je ne me lasse pas d'être dur
oui la solitude tu es une vraie femme
et maintenant j'ai honte de moi
je ne voulais faire de mal à personne
la terre la poussière la lumière
c'est le rituel
elle avait des mains de statue
de gravure ancienne
il y a une raison à tout ce que l'on fait
pourquoi se cacher
sans se salir les mains
plus de mort à attendre
il y a quelques siècles j'étais plutôt heureux
maintenant je ne me reconnais plus

6

J'ai vu tant de morts
il faut que je te voie
tu as fui toute ta vie
et tu crois y avoir échappé
évite mon propre enfer
ne fais pas ça maintenant
je suis lâche
chaque seconde qui passe complique la sensation
mais tu ne le sais pas
finissons-en
les gens ne sont rien pour moi
ils ont l'air si heureux
ils sont vivants
ils mettent des putains dans leurs chambres
mets des gants si tu veux les toucher
mais quand l'heure a sonné il faut partir

fais attention il ne faut pas brûler
inutile d’attendre couchons-nous
comme si on avait le choix
la fin du monde approche
je n’ai rien appris d’autre

7

Je me demande de quoi ils vivent
comme si on n'allait pas vieillir
j'arrête de temps en temps
pour me sentir vivant
je ne le suis pas
ils dansent s'amusent
et qui les enterre quand vient le moment
c'est une femme compliquée
je ne serai qu'un maillon de la chaîne
personne ne nous doit rien
chaque fois qu'elle croyait toucher le bonheur
elle s'est fait écorcher vive
ne pas dormir la nuit
à cause de cadavres dans la cave
je m'attendais à l'aventure
et on suit une carte

c'est de la trahison
tout ce que je croyais savoir
est faux
mets des lunettes
la vie continue
bravo vous êtes formidables
à la semaine prochaine
et rentrez bien chez vous
personne ne répond
arrête de me regarder comme ça
les yeux noirs fixes
c'est que tu es si belle
l'automne est une sale saison
nous n'avons pas d'anniversaire
je n'ai jamais aimé ça
je veux quelque chose de magnifique
sous les étoiles comme au tout début
ce serait déplaisant de découvrir

qu'on n'a pas d'allumettes

ou de champagne

parfois je ne sais vraiment pas où je vais

peu de gens peuvent venir

à leur propre enterrement

ceux qui se savent

condamnés ont leur mot à dire

8

Ce sentiment d'avoir une ombre
qui plane au-dessus de la tête
la mort je dirais
la mort et le silence
c'est quoi le silence
une sorte de tristesse
ou de peur peut-être
tout le monde a peur
de dire ce qu'il ne faut pas
ils en deviennent presque invisibles
je dis tout le temps n'importe quoi
c'est encore une façon de ne pas dire
je sais ce qu'il ne faut pas dire
ni faire
ne vous rendez pas invisible
vous n'avez plus rien à craindre d'elle

on sera comme des pages blanches

il s'est passé quelque chose

non rien

venez brûler en enfer avec moi

9

Quand le pire est passé on meurt
la file est moins longue
pourquoi sommes-nous venus
un assassin vivait là
il pourrait ouvrir la porte
entre nous pas d'engagement
personne ne contrôle les choses
le soleil pourrait devenir supernova
brûler la planète
une seule chose est sûre
nous devons tout recommencer
tu veux la vérité des substances
plus brusquement cette fois
je crois que je vais dormir
a-t-elle dit
il y a bien une façon d'être

moins coûteuse
c'est celle dont il faut se méfier
j'ai menti c'est elle qui voulait
nos actes ont des conséquences
froides sous la carapace
si tu veux t'imposer tue un chien
de toute façon je suis en feu

10

On ne fait que remplir des cartons
c'est la vie qui pue
l'atmosphère est pleine
de produits chimiques
un sac en papier conviendra
l'algèbre est inutile
science parfaite
le monde est-il logique
tu te plains tout le temps
personne n'est mort
je n'aime pas gaspiller c'est tout
on brûle comme des ordures
le pouvoir vient de notre savoir
c'est une matière inutile
dure mais stimulante
ce qu'il me faut c'est un endroit

qui ne change pas
le mot sanctuaire est approprié
je n'aime pas le jaune
les demoiselles sont en lilas
ce qui ne va pas c'est le parfum des fleurs
elle me prête ses yeux
je deviens aveugle
et je ne dirai pas ce que j'ai vu

11

Tu peux avoir tout ce que tu veux
à toi de prendre
c'est quoi au juste la beauté
une façon de voir le monde sans crainte
c'est du sang
c'est la saison qui vient de se rouvrir
on a tous des blessures
je ne suis pas censé être quoi que ce soit
nos habits se ressemblent tous
ils ont poussé dans l'eau
or les pêches ne sont pas bonnes
il faut choisir un cercueil approprié
je veux apprendre à tuer
je vois à travers les murs
pourquoi tu me parles
tu n'as pas de chiens à promener

on est mort sans l'être vraiment
j'oubliais il y a des bruits
le désir des anges cela arrive souvent
tu ne sais pas ce que je pense
tu ne sauras jamais
j'aurais aussi bien fait de gâcher ma vie
j'en ai le droit moi aussi
je dois trouver une fosse
nos maisons étaient toujours plus belles
je ne répondrai plus aux appels
des morts toutes les nuits
que vont dire les gens
ils peuvent se prendre en charge
je comprends elle a rencontré l'autre
le corps n'est même pas fini
il se peut qu'elle saigne
à cause des fluides
tu crois pouvoir tenir seul

dans le commerce de la mort

on s'unit et on crève

signe ici

il y a du sang sur la route

12

Il fait froid sur la chaussée noire
il y a une quinzaine de chiens
que faire d'autre
examiné par des vautours
je m'en vais essayer de ranger les placards
nous vendons aux gens leurs propres tombes
une boîte toute simple
après la mort le corps commence tout de suite
à se décomposer
rapide la peau se désagrège
comment vas-tu bien merci
je n'y vois plus
personne ne peut nous renseigner
tout le monde est seul
on ne s'occupe pas des morts
après le coucher du soleil

la portière est ouverte jetez vos fleurs
les choses laissent une marque dans un lieu
dans le temps
si tu ne les as pas connus de leur vivant
il est trop tard
on s'habille en rouge pour appâter
et je suis aveugle et sourd
c'est chaleureux pour une morgue
il est temps de rentrer
toutes ces années passées à dormir loin d'elle
trois mois à l'écouter
répéter les mêmes phrases
elle m'a poursuivi dans le jardin
pour me parler
une étincelle attire ton regard
tu te retournes et vingt-neuf ans ont passé
c'est ça l'amour
toi tu ne sais plus rien

il pleuvait ce soir-là
reliques d'une vie
qui n'existe plus
tu ne peux pas savoir
comme elle était belle
c'est effrayant comme on peut changer
les journées seront longues
et les nuits

13

Je n'ai pas terminé le travail
pourquoi on s'en sort sans lui
et on fait des économies
elle a un corps à reconstruire
il ne faut pas avoir l'air pressé
elle n'a plus le droit de réfléchir
rayonnante et sûre de soi
c'est moi qui urine contre un mur
c'est de l'art c'est de la merde
regardez-moi en train de pisser
ma vie tout entière s'est effondrée
personne n'a fait pression
vous savez de quoi je parle
les idées noires passent
j'ai décidé de rester
comme ça je pisse contre les murs

qu'as-tu fait hier soir
rien
samedi rien
la personne que tu voyais
elle ne fait plus partie du paysage
tu as un copain
personne
j'ai vraiment été idiot
pour la pisse ce n'est plus un problème
je ne peux rien demander sur la pisse
je passe la nuit
à faire de l'astronomie
à l'observatoire
j'écoute ce genre de choses
j'ai eu la chance d'être initié
à l'époque Pluton était une planète
elle ne l'est plus depuis quelque temps
je n'y vois pas d'objection

je ne suis jamais venu ici de nuit
pour la première fois on avait besoin de moi
je ne sais pas pourquoi elle n'a rien dit
d'habitude je dis ce que je pense
les ignares critiquent toujours
mais en voyant le verre cassé
j'ai eu la nette impression
qu'il valait mieux ne rien dire
comme si rien n'était arrivé
j'ai cette impression
avec vous tous
vous êtes tous si fragiles
vous ne pouvez rien entendre
il est tard je dois rentrer
il y a un trou énorme dans le ciel

14

Au cœur de la nuit tu voudrais dormir
tu as voulu t'en aller tout de suite
il faut que je prépare mon retour
dans le monde du péché
on ne sait même pas ce que l'on fait ici
mort subite pas d'adieux
c'est à peine si nous avons existé
tous les bouquets ne sont pas pour des enterrements
mélangeons-les
il faut s'adapter
mais commençons par traiter nos tiges
si elles sont épaisses écrasons-les
pour les fendre verticalement
pourquoi faisons-nous cela
qui le sait
vous avez tous votre marteau

regardez elle a l'air si tranquille
on dirait un bébé mort
le début et la fin aussi rapprochés
les enfants ne sont pas faits pour vivre en ce monde
j'aimerais rester seul
prenez tout le temps que vous voudrez

15

C'est normal
seule la croissance est normale
seule la croissance est acceptable
c'est brutal mais c'est la vérité
le reste n'est que paresse
je ne tolère pas la paresse
c'est un non-événement
on n'offre pas de fleurs
pour cela vous devez changer vos projets
navré si je vous ai induit en erreur
maintenant qu'ils se passent de moi
la corvée est finie
juste une bosse
une belle ecchymose planquée par les cheveux
qui sont épais pour son âge
arrange-toi pour qu'elle soit aussi belle que possible

comme toujours je n'en verrai pas la couleur
je n'ai plus les sensations d'avant
c'est bizarre je déteste tout cela
on est deux
non moi uniquement
je me sens perdu au-dedans
j'aimerais être délivré
mais je ne le serai jamais
j'appellerais bien un avocat
tu comptes les jours tu les coches tous les soirs
comme le putain de comte de Monte-Cristo
j'ai besoin de savoir où l'on va
et si je perds mon temps la tête ça va aller
ne vous en faites pas
elle est morte elle va bien
j'ai quelque chose à dire
j'ai rencontré quelqu'un
je ne m'y attendais pas

ça se passe toujours comme cela
et des liens se nouent à l'état embryonnaire
mais ils peuvent devenir profonds
ne brûlons pas les étapes
il y a une entaille dans le bois
non c'est une veine
les hommes sont vraiment stupides
un requin les suit parfois
elle a passé presque sept ans là-bas
et je n'en suis pas fier
elle ne tient pas à tout recommencer
on peut gagner certaines batailles
mais pas celle-là
elle est fatiguée de tous ces vaisseaux dilatés
dans le cerveau
tremblements à la périphérie
au pire c'est quoi
je pourrais en mourir c'est une erreur déjà arrivée

je pensais que j'allais livrer des combats
perdus d'avance
j'ai fait cela toute ma vie
il y a quelque chose je ne peux pas dire quoi
maintenant c'est un peu tard
on va manger tu viens
je ne peux pas j'ai du boulot
je vais être en retard je file
j'ai l'habitude de me sentir seul
et là je découvre la solitude plus profonde encore
alors chaque jour est important

Table

Le puits 11
Texte d'Amande Luminet

Un trou énorme dans le ciel 13

Du même auteur

Poésie

Recueils

La Nature des choses, Le cherche midi éditeur, Paris, 2012.
Itinéraire céleste, Le cherche midi éditeur, Paris, 2004.
Les poètes et l'univers (anthologie), Le cherche midi éditeur, Paris, 1996.
Noir Soleil, Le cherche midi éditeur, Paris, 1993.
Griphes, suivi de *Topiques*, chez Gérard Oberlé, 1989.
Elle, suivi de *Rythmes*, Guy Chambelland / La Coïncidence, Paris, 1980.

Livres d'artiste

Lumière, Création de Brigitte Tartière, texte de J.-P. Luminet, B. Tartière, Paris, 2013.
Cercles noirs couronnes lumineuses, texte de J.-P. Luminet, gravures de Vladimir Skoda, Éditions Méridianes, collection Liber, 2011.
De natura, poème de J.-P. Luminet, gravure de Marc Pessin, 50 ex. numérotés, Atelier d'art Marc Pessin, 2010.
La nuit brûle, Création de Brigitte Tartière, texte de J.-P. Luminet., B. Tartière, Paris, 1999.

Romans

Les Bâtisseurs du ciel (L'intégrale), JC Lattès, Paris, 2010.
La Perruque de Newton (Les Bâtisseurs du ciel, vol. 4), JC Lattès, 2010 / LGF, Paris, 2011.
L'Œil de Galilée (Les Bâtisseurs du ciel, vol. 3), JC Lattès, 2009 / LGF, Paris, 2010.
La Discorde céleste (Les Bâtisseurs du ciel, vol. 2), JC Lattès, 2008 / LGF, Paris, 2009.
Le Secret de Copernic (Les Bâtisseurs du ciel, vol. 1), JC Lattès, 2006 / LGF, Paris, 2008.
Le Bâton d'Euclide, JC Lattès, 2002 / LGF, Paris, 2005.
Le Rendez-vous de Vénus, Jean-Claude Lattès, 1999 / LGF, Paris 2001.

Essais

Astéroïdes : la Terre en danger, Le cherche midi éditeur, Paris, 2013.
Illuminations : Cosmos et Esthétique, Odile Jacob, Paris, 2011.
Bonnes Nouvelles des étoiles (avec Élisa Brune), Odile Jacob, Paris, 2009.
Le Destin de l'Univers : trous noirs et énergie sombre, Fayard, Paris, 2006 / Gallimard, coll. « Folio essais », 2010.
De l'infini (avec Marc Lachièze-Rey), Dunod, Paris, 2005 / Le Seuil, coll. « Points Sciences », 2009.
L'Invention du Big Bang, Le Seuil, coll. « Points Sciences », Paris, 2004.

Le Feu du ciel, Le cherche midi éditeur, 2002 / *Astéroïde*, Le Seuil, coll. « Points Sciences », 2005.

L'Univers chiffonné, Fayard, coll. « Le temps des sciences », 2001 / Gallimard, coll. « Folio », 2005.

Éclipses, les rendez-vous célestes (avec S. Brunier), Bordas, 1999.

Figures du Ciel (avec Marc Lachièze-Rey), Éditions du Seuil / Bibliothèque Nationale de France, Paris, 1998.

Les Trous noirs, Belfond – Sciences, Paris, 1987 / Le Seuil, coll. « Points Sciences », 1992.

Cet ouvrage
a été achevé d'imprimer
en novembre 2013
pour le compte de Bruno Doucey
poète, éditeur de poètes
sur les presses
de EMD S.A.S.

Conception graphique
Dans les villes

///

Dépôt légal : décembre 2013
Numéro d'imprimeur : 28715

///

Imprimé en France

Cet ouvrage est imprimé, pour l'intérieur, sur papier Munken print cream 80 g des papeteries Arctic Paper, dont les usines ont obtenu la certification environnementale ISO 14001 et opèrent conformément aux normes ECF et EMAS.